地球の危機をさけぶ生きものたち❷

森が泣いている

写真・文●藤原幸一

少年写真新聞社

もくじ

はじめに 3

❶森・進化のゆりかご 4

◎原生の森とは 5

◎みんなつながっている森 8

◎地球の肺 12

◎森がつくる雲 13

◎森の一生 14

解説：縄文人がともに生きた森 15

❷原生の森をたずねて 16

◎アラスカ・モンゴルの森 17

◎ボルネオの森 18

◎スマトラの森 22

◎ミャンマーの森 24

◎マダガスカルの森 26

◎オーストラリア・ニューギニアの森 28

◎ニュージーランドの森 29

◎アマゾンの森 30

◎イースター島の森 31

◎日本に原生の森はあるのか？ 32

解説：南極の森 33

❸森がなくなる 34

◎こわされる森 35

◎文明が森を破壊してきた 37

◎動物の絶滅で植物もほろぶ森 38

◎地球の温暖化 39

◎病気が広まる森 40

◎石炭が森をからす 41

解説：世界遺産の島に木を植える 43

この本に登場する森 44

あとがき 46

さくいん 47

はじめに ── 植物と森の誕生

地球が誕生したのは今からおよそ46億年前。最初の生命が生まれたのがおよそ38億年前です。

最初はわずか1個の細胞からできた生命で、海をただよっていました。

27億年前には、あい色をした細菌の死がいなどが集まってできる

ストロマトライトがつくられ始めました。

この細菌は太陽の光を使って、二酸化炭素と水からでんぷんなどをつくっていました。

さらに地球の歴史ではじめて、生きものが酸素を空気中に出し始めたのです。

その後にあらわれる、植物が行う光合成の始まりです。

陸に植物が生え出すのは5億年ほど前のこと。

はじめは海の浅せで、細い茎だけの地面をはうような植物が生まれ、

じょじょに川やぬま近くの陸でくらすようになっていきました。

やがて葉と根が生まれ、茎の発達とともに背の高い植物があらわれ、

原始の森がつくられていったのです。

森に恐竜があらわれたのは、およそ2億5000万年前です。

学名を「ホモ・サピエンス」とよぶ、ぼくたち人が地球に誕生したのは、

今から30〜10万年前にしかすぎません。

それにくらべ、地球の歴史で植物や森の誕生が、とても昔のできごとなのがわかります。

❶森・進化のゆりかご

地球に海や陸が生まれ、
太陽や水などのめぐみで地上にゆたかな森が誕生しました。
数えきれないほどの生きものたちが、
何億年もかけて原生の森で進化をとげてきたのです。
ぼくたち人が地球に誕生して以来、
人は原生の森とともに何十万年も生きてきました。
その森が今、人によって急速にこわされ始めています。

◉原生の森とは

過去に伐採や植林などがまったく行われていない太古の森のことを、原生林や古代林、極相林とよんでいます。

地球にのこされた主な原生林には、ロシアや北アメリカの北部にある広大な針葉樹林（タイガ）があります。

さらに、温帯雨林や熱帯雨林も原生の森です。とくに熱帯雨林は、つる植物やシダ植物がおいしげって密林になりジャングルとよばれています。南米アマゾンや東南アジア、中部アフリカ、ボルネオ、ニューギニアなどで見られ、たくさんの種類の植物や動物がつながりを持って、いっしょにくらしています。

マダガスカル乾燥林、スパイニーフォーレスト

オーストラリア・タスマニアの原生林

ボルネオ原生林

アマゾン原生林

●みんなつながっている森

　巨木がたおれて、暗かった森の中に日がさしこみ、その光を感じて新しい木や草が芽生えてきます。地面にたおれた巨木をアリや微生物が分解して、木の中に空どうができ、それが動物たちのすみかになっていきます。そうして長い時間をかけて、巨木は土にかえってゆくのです。

　落ち葉やたおれた木にキノコが育ち、アリが落ち葉をくだいて巣に運んでいきます。そのアリを食べるのがアリクイやツチブタ、マレーグマなどです。

　植物に花がさくと、チョウやハチ、コウモリやハチドリが「みつ」をすいにやってきます。シカやサイ、ゾウたちのごちそうは、地面に生えている草です。木をかりてくらしている植物もいます。コケやラン、パイナップルのなかまたちです。

　植物に実がなると、たくさんの鳥がやってきて、サルもあらわれます。鳥は、いろいろな昆虫を食べにジャングルをとびまわります。その鳥やネズミをねらっているのが、ヘビやフクロウなどです。そして、小さな生きものたちが土にあなをほり、分解された葉や動物の死がいをあさります。すべてが森のゆたかな生命力のあかしです。

　原生林の中でも、古い森ほど木の種類や生きものたちのむすびつきが複雑です。さまざまな生きものたちが、古い原生林のおく深くに、息づいているのです。

●地球の肺

葉が緑なのは、葉緑体とよばれるものが入っているからです。植物は、葉緑体にふくまれている色素と太陽の光を使って、デンプンなどの栄養をつくっています。それによって、植物は根、茎、葉などの自分の体をつくっているのです。ぼくたちが食べているごはんやイモも植物の体の一部なのです。

さらに、植物の葉は太陽の光を使って、葉の中にある水を水素と酸素にわけています。この時、酸素は空気中に出されます。人だけではなく、地球上の人やほとんどの生きものたちが必要としている「酸素」の誕生です。

陸で生まれる酸素のおよそ40％は、熱帯雨林によってつくられているといわれています。自然保護団体の「熱帯雨林基金」は、熱帯雨林の約4000㎡が1秒ごとになくなり、世界の熱帯雨林全体の20％が過去40年で破壊されたと発表しました。

今、南米にあるアマゾン流域は、地球にのこっている熱帯雨林の半分をしめています。アマゾンは最後にのこされた「地球の肺」なのです。

葉っぱにはいろんな形がありますが、みんな酸素をつくっています。その酸素で、人も動物たちもみんな呼吸して生きているのです

●森がつくる雲

　原生の森から毎日のように、きりや雲がわいてきます。この雲は森にとって、命の水です。原生林にふる雨の半分は、同じ森から蒸発した水蒸気が雲になり、雨としてもどってきた水なのです。

　森の伐採が進めば、ふる雨の量がへってしまいます。一度原生林をこわしてしまうと、たとえ小さな森がのこったとしても、十分な雨がふらなくなり、乾燥が進み、木がたおれたり立ちがれたりして死んでしまうのです。

　今、世界中で毎日、原生の森がこわされています。木材を売るために木を切ったり、畑や牧場をつくるために森が焼かれたりしているのです。いったん森をこわしてしまうと、のこされた森にも大きなえいきょうが出てくるのです。

原生林からわきあがる水蒸気が雨雲になって、雨として森に帰ってきます

●森の一生

　火山が噴火して溶岩が流れ出し、ひえてかたまると、植物も動物も何もいない真っ黒な大地が生まれます。そういった何もない土地に500〜1000年の時がたつと、森が生まれてきます。

　では、その真っ黒な大地で、一番はじめに生えてくる植物は何でしょう？　木の芽が、とつぜん生えてくるわけではないのです。まずは、ひえた溶岩流のはだかの大地に、コケ植物や、藻類と菌類が合わさった「地衣類」とよばれるものが生えてきます。土がなくても、大気中の水分と太陽光による光合成で、栄養をえることができるからです。

　コケ植物や地衣類が死ぬと、その体が土になります。土があれば、草が成長できるようになるのです。

　日本の場合、ススキやチガヤなどの草原があらわれます。草の根がかたい岩や石をくずしていき、じょじょに木が成長できる土がつくられるのです。木が育つ土ができると、ヤマツツジなどが生えてきます。やがて、アカマツやコナラなど、明るい場所がすきな木の森ができます。

　この森が大きく育つと、地面に太陽の光があまりとどかなくなり、今度はスダジイなど、暗い場所でも育つ木が成長して森をつくっていきます。こうなると、森をつくる木の種類は、ほとんどかわることがなくなります。これを極相といい、原生林が誕生するのです。

　原生林をつくる主な木はかぎられていて、世界中の地域の環境によってことなります。日本であれば、北海道のエゾマツの森、東北のブナの森などです。原生林にかみなりなどで山火事が起きると、森の終わりがやってきます。それでも、人の手が入らなければ、長い年月をへて原生の森にもどっていくのです。

火山から溶岩がふき出し、新たな大地があらわれます。岩がくだかれ、植物が育つための砂や土がじょじょにつくられます

溶岩大地に最初にあらわれるコケや地衣類

土ができると最初にススキなどが生えます

長い時をへてコナラなどの森が誕生します

解説 縄文人がともに生きた森

　縄文時代は今から約1万5000年前に始まり、1万年をこえる長い間つづきました。世界の古代文明とくらべても、これほど長くつづいた例はほとんどありません。

　縄文時代は今よりも気候があたたかく、実がなる木がたくさん育ち、ゆたかな森が広がっていました。人びとは木の実や山菜、キノコなどの植物をとり、森にいるシカやイノシシ、ノウサギなどの動物をつかまえていました。海や川では、魚をとり、貝を集めて食べていたのです。

　青森県にある縄文時代の三内丸山遺跡で、縄文人はとても大きくてゆたかな村をつくりあげました。およそ6000年前、村がクリの森におおわれるようになりました。クリを植えて育てていたのです。クリは栄養があり、保存もかんたんなので、とても大切な食べものになりました。クリの森をつくることで、同じ場所にずっとくらせる生活ができるようになったのです。

　縄文時代の人びとは、このように自然のめぐみを大切にしながら、自給自足の生活をおくっていました。自然のめぐみをとりすぎず、自然とともに生き、自然にやさしいくらしをしていたのです。

青森県で発見された、縄文時代のくらしがわかる三内丸山遺跡

縄文人は自然のめぐみを大切にしながら、村のまわりで重要な食べものであったクリの木を育てていました

❷ 原生の森をたずねて

寒い地方にある針葉樹林や、
つる植物やシダ植物がおいしげる熱帯雨林。
世界中の森には、それぞれ個性的な動物や植物がくらしています。
しかし、人のえいきょうで、森がなくなったり、
気候がかわったりしているのです。
今では、地球の森にくらす生きものたちの
絶滅が心配される環境になってしまいました。

●アラスカ・モンゴルの森

アラスカには、巨木がそびえるゆたかな森がのこされています。

アラスカ南東部の海岸地帯にある無数の島には、海岸線に1万をこえる河口があり、長さ2万km以上の川が森をぬうように流れています。川と海を行ききする魚たちは産卵のために川を上り、その魚をねらってクジラやクマ、ワシが集まってきます。

深い針葉樹林の森には巨木がおいしげり、何千年もかけてゆっくりと、古代の森がつくられてきました。しかし、この原生林も行きすぎた伐採がされてきたのです。とくに巨木は、すでに3分の1が切りたおされてしまいました。

一方、ユーラシアの針葉樹林があるモンゴルでは、ウマやヒツジなどの放牧がふえすぎたため、地面に生えた植物が食べつくされてしまいました。さらに、地球温暖化によって夏の気温が上がり、乾燥と高温

モンゴルの山に生育する針葉樹の森

がつづくため、草原や森がじょじょに砂漠になっているのです。すでに湿原のいくつかは干上がり、湿原でくらす生きものたちの絶滅が心配されています。

ゆたかな海をつくってきたアラスカの針葉樹林の森が、伐採されつづけています

●ボルネオの森

　ボルネオ島は東南アジアの島で、インドネシア、マレーシア、ブルネイの3か国の領土となっています。世界で3番目に大きな島です。

　島でくらす一番大きな動物は、ボルネオゾウです。体にくらべて大きな耳と長い尾、まっすぐなきばを持っているのがとくちょうです。ボルネオゾウは、今危機をむかえています。ゾウがくらす原生林が次つぎに切られ、燃やされ、ひとつづきだった森がとぎれとぎれの小さな森になってしまったのです。

　小さな森では食べものが足りず、ゾウはうえてしまいます。食べものをもとめるゾウが、人のつくった野菜やくだものを食べたりふみつぶしたりすると、人はゾウをにくみ、わなをかけたりして殺そうとします。その結果、何百頭ものゾウが毎年殺されてしまうのです。

　わずか40年ほど前には、地球上でもっとも手つかずの森があったマレーシア領ボルネオでは、原生林の80％以上がなくなってしまいました。川岸まで原生林が破壊され、アブラヤシの畑にかえられています。

　その畑のまわりには、電気のさくがはりめぐらされているため、ゾウは畑に近づくことができません。そこでゾウたちは、対岸にある森の草や木の実を食べるために、川を泳いでわたらなくてはならなくなったのです。生まれたばかりの赤ちゃんや子ゾウにとっては、命がけの川わたりです。

川を無事にわたり、川岸に生えたしんせんな草を群れで食べています。川岸の森はすでにこわされ、アブラヤシの畑にかえられています

生まれたばかりの子ゾウは、お母さんからはなれようとしません

ゾウの川わたり。おさないゾウはおぼれ死ぬこともあります

森はアブラヤシの畑にかえられ、ゾウの食べものがなくなってしまいました

ボルネオの原生林の80％以上がこわされ、アブラヤシの大規模農地にかえられてしまいました。右下にわずかにのこされた森があります

アブラヤシの畑の中では、かぎられた動物や植物しか生きていけないのです

●スマトラの森

　インドネシアのスマトラ島は、世界で6番目に大きな島です。スマトラには、オランウータンがくらす原生林がのこされています。

　しかし、1935〜1980年の間に、その原生林の70〜80％が破壊されてしまいました。1990年代には、わずかにのこされたスマトラ北部の原生林でも、1000頭のオランウータンのくらしをささえる大きな森がうしなわれました。

　北スマトラの一部では、今でも食料のためにオランウータンがつかまえられています。また、ペット用にもつかまえられているのです。

　こわされた原生林は、ボルネオと同じようにアブラヤシの畑にかえられています。さらに、新しくつくられた道路によって、オランウータンの森がばらばらにされているのです。そして、畑にある作物を食べるオランウータンも殺されています。このままでは野生のオランウータンは絶滅するだろうといわれています。

お母さんから口うつしで食べものをもらっている赤ちゃん

ほとんどの森が破壊され、山の上にわずかな森がのこっているだけです

オランウータンが保護されている森に、毎日多くの観光客がおとずれています

●ミャンマーの森

　ミャンマーは、東南アジアのインドシナ半島の西にあります。独自の言葉を持つたくさんの少数民族がくらしている国です。

　2015年、森林破壊の多い国の順番でミャンマーは3位となっていると、国際連合食糧農業機関が発表しました。かつて、国土のほとんどが原生の森でおおわれていたミャンマーは、今や国土の25％しか森がのこっていないのです。

　ミャンマーでは、畑や田んぼをたがやしたり、やさいや米などを運んだりするために、ゾウはなくてはならない家畜として飼われてきました。とくに森での仕事には、ゾウの力がかかせません。ゾウは鼻を使って重い木をつんだり、引っぱって運んだりして、人の助けになっているのです。

　地雷がうめられている森ではたらかされているゾウもいます。地雷とは、地中にうめられ、これにふれた人を殺したり、戦車を破壊したりする爆弾のことです。

　ミャンマーでは、政府と少数民族であるカレン族とのたたかいが、60年以上つづいてきました。その間に百万個以上もの地雷が、森や平野にうめられたといわれています。森で人やゾウが地雷をふんでしまうことが、ひんぱんに起きているのです。地雷をふんだゾウのほとんどは、ふきとばされた足で重い体をささえることもできずに、死んでしまうのです。

ここ10年で森が消えてしまったミャンマー北部。伐採された木の多くは国境をこえ、中国やタイに輸出されています

ゾウは木材を運んだりつみ上げたりします

地雷がうめられているタイ・ミャンマー国境の森

地雷によって多くの人やゾウがきずついています

前足を地雷でふきとばされた子ゾウが、「ゾウの病院」に運ばれ、きせき的に命をとりとめました

●マダガスカルの森

　マダガスカルは、アフリカ大陸から400kmほどはなれたインド洋上の大きな島です。世界で4番目に大きな島で、大陸からはなれているおかげで、さまざまなめずらしい動植物が生まれています。動物ではアイアイ、シファカ、ワオキツネザルなどが有名ですが、植物でも巨木のバオバブが見られます。

　マダガスカルの西には、観光ポスターなどに登場する「バオバブ並木」があります。しかし、この風景は人がつくったものなのです。

　人は、畑や水田をつくるために、バオバブがある原生林を焼きはらいました。ほとんどの木が真っ黒な炭のようになって死んでいき、バオバブだけが幹に水分を多くたくわえることができるので、生きのこったのです。そうやって、森の破壊から並木が誕生したのです。

　バオバブの並木を歩いていると、ふしぎなことにバオバブの芽生えや若木に出合うことがありません。実は、バオバブ並木のまわりでは、いつもウシに若

森で休むマダガスカルのワオキツネザル

草を食べさせるため、野焼きしているのです。そのために、せっかく芽生えた苗木が燃えてしまっています。たとえ、苗木が生きのこっても、すぐにウシやヤギに食べられてしまうのです。

　バオバブの生育する土地は、サイザルアサやパイナップルなどの畑をつくるためにも焼かれます。人口がふえたためです。ほとんどの人たちが、まきや炭で煮たきをし、食料をふやすために森を焼いたので、マダガスカルの原生林は急速にうしなわれていったのです。

バオバブ並木とよばれるこの光景は、原生の森が焼きはらわれてできあがった人工の風景なのです

バオバブの森が焼かれたあとに、トウモロコシの畑がつくられようとしていました

島のほとんどの森がこわされ、田んぼや畑、放牧地などにかえられました。切られた木は、たきぎや炭として使われています

●オーストラリア・ニューギニアの森

　オーストラリアの原生林は、世界でもっとも多くの生きものたちがくらす森の1つであり、世界の陸上動植物の5％が見られます。

　ヨーロッパから人がうつりすんでくるおよそ200年前には、オーストラリアの東部や西部に広く原生林が分布していました。しかし、現在はたくさんの木が切られ、その90％以上がなくなってしまいました。

　それでも、陸でくらす動物の53％と植物の76％が、のこされた森でくらしています。そのうち、カンガルーなどのほ乳類や、トカゲなどのは虫類100種以上は、絶滅の危機にあります。

　カンガルーの祖先は1500万年前にあらわれ、地上でネズミのようにくらすものや、木の上でくらすものもあらわれました。

　セスジキノボリカンガルーは、ニューギニア島の山脈にくらしていますが、以前は低地の森にもくら

キノボリカンガルー。オーストラリア北東部に2種、ニューギニア島の中央山脈に4種くらしています

していました。しかし、低地の森のほとんどが破壊され、コーヒーや米、むぎの畑や鉱山にかえられてしまったため、野生での絶滅が心配されています。

オーストラリアの森にはイチジクのなかまの木がたくさん見られ、岩やほかの木におおいかぶさって生きています

◉ニュージーランドの森

オーストラリアの南東から2000kmはなれたところに、ニュージーランドがあります。ニュージーランドは、北島と南島の2つの主要な島と多くの小さな島じまからなっています。

かつて、ニュージーランドの南島には、広大な原生林がありました。その森でたくさんのペンギンがくらしていたのです。それらは、イエローアイドペンギンやキガシラペンギンとよばれ、絶滅が近いとまでいわれるようになってしまいました。

イエローアイドペンギンは、群れをつくることがなく、森の中でおたがいが見える場所には決して巣をつくろうとしません。森の中で引っこしをくりかえすほどです。今、ペンギンがくらす森のほとんどは、人によって木が切られ、ヒツジやウシの牧場にかえられてしまいました。

イエローアイドペンギンは何百万年もの長い間、森で平和にくらしてきました。人がやってくるまでは……

ニュージーランドの南島では、森がこわされヒツジの牧場にかわり、わずかにのこった木立の間で、ペンギンたちが生きのびています

●アマゾンの森

南アメリカの太平洋側を南北につらなるアンデス山脈は、高さ5000～6000mもの山やまがつづきます。そして、高山にある氷がとけたひとしずくから、世界最大の川であるアマゾン川が始まります。

川のみなもとや支流をふくめたアマゾン流域の広さは、日本の国土の約18倍もあります。それは、南米大陸の40％もの面積をしめていて、世界の熱帯雨林の約半分がのこされています。

アマゾン原生林は、そこでしか見られない生きものの種類が、世界でもっとも多いところです。実は、アマゾン原生林に何種類の生きものがくらしているかはわかっていません。これまで見つかっている植物だけでも5万5000種、魚は3000種。サルやナマケモノなどのほ乳類は、311種が知られています。

アマゾンでは毎日、サッカー場3000個分の原生

森をこわしてつくられた何百kmもの石油パイプライン

林が消えているといわれています。石油や金などがほられたり、原生林の違法伐採が行われたり、牧場や畑へかえられたりしているのです。さらに、魚のとりすぎなどで、その自然がおびやかされつづけているのです。

森ではめずらしいアリがくらしています。木の葉を細かく切って巣に運ぶハキリアリの群れ。巣の中で木の葉を使いキノコを育てています

●イースター島の森

　南米のチリから西へ3800kmの太平洋上に、イースター島があります。

　昔、西のかなたポリネシアの島から、カヌーで最初の人がイースター島にわたってきました。そのころは、巨大ヤシがおいしげる原生林の島であったと考えられています。

　900年代には、モアイとよばれる巨大な石像がつくられるようになりました。その後1600年代までの間、モアイはつくられつづけていたのです。一説によると、モアイを運び、たてるためには大量の木材が必要でした。そのために島にあった木がほとんど切られ、森がうしなわれたといわれています。

　こうした人による自然の破壊によって、イースター島の文明はほろんでしまいました。森の破壊が進み、土地がやせおとろえ、畑で食べものがつくれなくなったのです。わずかにのこされた畑をめぐり、部族の間ではあらそいが起きるようになりました。

　さらに、森をこわしてしまったせいで、家やカヌーなどがつくれなくなってしまい、漁にも行けず、生活がなり立たなくなってしまったのです。

イースター島からすべての森が消え、今はオーストラリア原産のユーカリの植林がつづけられています

海を見つめて立つ巨大なモアイ像。文明が島の森を破壊したのかもしれません

●日本に原生の森はあるのか？

　日本の国土の68.5％は森です。世界でも有数の森の国といえます。とはいっても、原生林はごくわずかしかのこっていないのです。

　日本の森の約40％は、人の手で植え育てられたスギ、ヒノキに代表される人工林です。人工林というのは、成長した木を切って使うことを目的につくられた森です。切ったあとはその土地にふたたび木を植えて育てます。そうなると、もともとあった原生の森にもどることはありません。

　人工林でない森もほとんどが原生林ではないのです。人によって破壊されたあとに、自然に生えてきた竹の林など、大木や木の種類も少ない森です。

　原生林でくらす多くの動物たちは、木の「うろ」とよばれる大木の幹に自然にできた空どうを使っています。木の種類も少なく年数もたっていないわかい植林地では、うろや食べものも見つからず、野

日本には森を切り開いてつくったゴルフ場が2000以上もあります

生の動物は生きてゆけないのです。

　かつて日本にくらしていたニホンオオカミは、1905年につかまったわかいオスを最後に、発見されていません。人につかまえられたり、生息地である原生林が伐採されたりしたことが、絶滅の原因とされています。くらせる自然がなくなったのは、日本の野生植物も同じです。今ではその3種に1種が絶滅の危機にあります。

原生の森をこわしてつくられたスギなどの人工林の中は暗く、原生林のようなたくさんの種類の動植物がくらせる森ではありません

解説 南極の森

南アメリカ、オーストラリア、ポリネシアなど南半球に分布する、ナンヨウスギの祖先は、2億5000万年前の恐竜がくらしていたころにまでさかのぼります。そのころ、南半球にあったゴンドワナ大陸に生まれた植物なのです。

ゴンドワナ大陸は、南極やアフリカ、オーストラリア、南アメリカなどの大陸すべてがつながっていた、巨大な大陸でした。

さらに、オーストラリア大陸の東側に広がる森にも、ゴンドワナ大陸に起源を持つ別の植物が生えています。ナンキョクブナです。ニューギニアや南アメリカにもナンキョクブナが自生しています。

南極大陸が今のように「氷の大陸」になってしまう前は、何億年もつづいた森の大陸でした。南極大陸がオーストラリア大陸とつながっていたころ、大陸は暑く、熱帯もしくは亜熱帯気候でした。

2300万年前ころに南アメリカ大陸との陸地が切れて、海峡ができて南極大陸が生まれました。その結果、南極大陸のまわりをつめたい寒流が流れるようになったのです。大陸をおおっていた森にかわって、氷が大陸に広がり始めました。

そして今でも、オーストラリアや南アメリカなどにのこるナンヨウスギやナンキョクブナの森には、かつての南極の森のおもかげがのこっています。

南極の岩にのこされた植物の化石

南極にある緑はコケと地衣類です。花をつける植物は数種の小さな草だけです

南アメリカのパタゴニア地方に見られるナンキョクブナの森。南極にもかつて森があったのです

❸森がなくなる

人がゆたかさをもとめて石油を燃やし、
電気をふんだんに使い、
たくさんの車を走らせたために
地球温暖化が起こっています。
さらに、人によって原生の森は破壊されつづけて、
それはやがて、ゆたかな海にも
えいきょうをおよぼしました。
人は、とても大きなしっぺ返しを
くらうことになるのかもしれません。

原生林は焼かれ、畑にかえられています

●こわされる森

　2010年から2015年までの間に、森の破壊が大きかった国を順番にならべると、1位はブラジルで、そのあと、インドネシア、ミャンマー、ナイジェリア、タンザニアとつづきます。ブラジルのアマゾンやインドネシアのスマトラやカリマンタンでは、森が破壊され、農地や牧場へとかえられています。

　アフリカでは、家で使う燃料の90%はまきや炭などであり、森の破壊は深刻な問題となっています。まきや炭の利用が大きくふえているのは、急激に人口がふえているからです。

　まずしさからくる違法な森の伐採は、毎日のように行われています。森で手に入れたまきや炭は、家で使う分以外は道ばたで売られ、現金収入をえるゆいいつの手段になっているのです。

　それでは、木材をもっとも多く輸入している国はどこでしょう。1900年代の終わりころは、日本が世界一でした。2016年は、1位が中国、2位がアメリカ、3位が日本となっています。世界的に見ても木材をもとめる量は毎年ふえていて、とくに中国では経済の発展により、木材の輸入量が急激にふえています。

何百年もかけてできた原生林が、数日で破壊されています

昔は、木を切る時はおのやのこぎりを使う手作業でした。今は、機械で大きな木も小さな木も根こそぎ切りたおして燃料にしています

世界のあたたかな地域で、森が焼かれて大規模な畑にかえられています

オーストラリアのタスマニア島から切り出された木がチップにされ、山づみにされています。チップは日本などに輸出されています

●文明が森を破壊してきた

　日本の縄文時代にあたる8000年前は、地球上の陸地の60％以上が原生林におおわれていました。そして、5000年前あたりから森の破壊が始まります。エジプトやメソポタミア、インダス、中国などで都市がつくられ、森が広く伐採されていきました。

　500年前、イギリスでは鉄をつくる産業が広く行われるようになりました。大砲や鉄砲などを大量につくったのです。鉄をつくる産業には、大量の燃料が必要でした。ふんだんにあった森の木は、燃料として使われたのです。

　産業がさかんになると人口もふえ、建物やビールに使う木製のたるがたくさんつくられ、森の破壊がますます進んでいったのです。さらに250年前になるとイギリスに産業革命がおとずれ、180年前までつづきました。経済発展とは反対に、国内の森は急速に消えていきました。

　その後、経済がゆたかになるのと同時に、森の破壊がほかのヨーロッパやアジアにも広がっていったのです。2013年には、地球の全陸地面積の8.1％にしか原生林はのこっていませんでした。

フィンランドの森。ヨーロッパは早くから森が破壊されました。破壊をまぬがれた森は、北欧の一部と島にのこっています

かつてイギリスをおおっていた原生林がこわされ、家畜の牧草地にかえられました

●動物の絶滅で植物もほろぶ森

マダガスカルで、40cmもの管に「みつ」があるランが見つかりました。これは、40cm以上の長い管を持つガがいるということです。

ランは、みつをもとめるガの頭に確実に花粉をつけるため、みつのある管を長くし、ガはみつにとどくように管を長くしました。どちらも相手の変化におうじて形をかえたのです。このような関係を「共進化」とよんでいます。しかし、もしガがくらす森がこわされ、絶滅してしまったら、そのランもいっしょに絶滅してしまうでしょう。

かつてマダガスカルには、バオバブの木の実を食べる大型のキツネザルがくらしていました。一説によるとバオバブとともに進化し、かたい実を食べ、ふんといっしょにバオバブの種を遠くまでまいていたようです。しかしそのキツネザルは人に食べられたり、森が破壊されたりして絶滅してしまいました。バオバブは、自然に発芽する方法と分布を広げる手段の1つをなくしてしまったのです。

共進化は世界中の森で起きています。地中海でくらすランとハチや、ハワイ諸島の鳥ハワイミツスイと島固有の植物にも見られます。また南米のコウモリとキキョウ科の植物や、ヤリハシハチドリとベニバナキダチチョウセンアサガオにも共進化が起きています。

長い管にみつがあるアングレカム属の花

長いくちばしを持つヤリハシハチドリは、ベニバナキダチチョウセンアサガオと共進化の関係です。どちらも絶滅が心配されています

●地球の温暖化

　地球温暖化で、北極地方にある永久凍土がとけています。永久凍土とは、1年中土の中がこおっている土地のことです。

　地球の寒い地方にある針葉樹林は、永久凍土の上にできます。今、その永久凍土がとけています。人が針葉樹林の森をたくさん切ってしまったことによって、光があたらなかった森の地面に、太陽の光がとどくようになり、氷がとけ始めたからです。近年では、温暖化とともに、そのとけるスピードはますます速くなっています。

　永久凍土がとけ、地面がくずれていくと、木がまっすぐに成長できず、曲がったりたおれたりします。それを「よっぱらいの木」とよび、アラスカやカナダ、ロシアの北極地方の広い地域で見られます。

　温暖化によって、日本の植物にもえいきょうが出ています。南の森に生えている植物が、北でも見られるようになってきたのです。

　日本のヤシ植物であるシュロは、以前は九州より南の森に生えていましたが、今は東北地方の森にも見られるようになりました。鳥が運んできたシュロの種から芽生えがあっても、東北では冬の寒さで死んでしまっていたのですが、今では温暖化が進み、冬を生きのびられるようになってきたのです。

南の植物だったシュロが温暖化によって、東北で発芽し、林がつくられるまでになっています

●病気が広まる森

　北極や南極では、世界でもっとも速いスピードで温暖化が進んでいます。温暖化はキクイムシの一種の大発生をうながし、アラスカやカナダ北極地方で、1年間で数千万本もの針葉樹がかれているのです。

　日本では、マツの伝染病である「マツがれ」が問題となっています。原因であるマツノザイセンチュウは、北アメリカ原産の線虫です。日本をふくむアジアやヨーロッパのマツのなかまをからし、大変な被害をもたらしています。

　マツをからす線虫は、ほかのマツへうつっていけません。カミキリムシのなかまであるマツノマダラカミキリが、移動を助けているのです。九州から始まったマツがれの被害は、マツノマダラカミキリといっしょに南から北へ広がっています。

　寒い東北地方への広がりはおさえられてきましたが、最近は地球温暖化によって、秋田県でもマツがれが広く起こるようになってしまいました。

日本の森で見られるマツがれ病

カナダ北極圏の針葉樹の森。手前の木ぎがキクイムシのえいきょうでかれ始めています

●石炭が森をからす

　石炭や石油を燃やすと、硫黄酸化物などが生まれ、空気がよごれます。そして、太陽の光や水、酸素とまざり合って、硫酸とよばれる強い酸がつくられます。それが雲にとりこまれ、雨を強い酸性にして、陸や海にふってくるのです。そういった雨のことを「酸性雨」とよんでいます。

　1800年代後半から1980年代までに、たくさんの石炭を工場や家で燃やしたことで、酸性雨が生まれ、ヨーロッパやアメリカ北東部の広い範囲で、森がかれてしまいました。日本でも酸性雨がふっています。そのえいきょうで、森の立ちがれなどが起きているのです。

　国立環境研究所の調査では、日本で観測される酸性雨にふくまれる硫黄酸化物のうち、49％が中国方面から生まれたもので、日本で生まれたものは21％でした。

　中国やモンゴルでは石炭がたくさんとれ、値段も安いことから、家や工場でたくさん使われています。大都市をはじめ工業地帯では、酸性雨や大気汚染が広がり、そのよごれた雲が日本にもやってきているのです。

外につまれた石炭を燃やして、工場が動いています。石炭が燃えることで酸性雨が生まれ、広い地域でえいきょうをおよぼしています

ガラパゴス固有の森がなくなれば、森で進化してきた動物や植物たちの絶滅につながります

解説 世界遺産の島に木を植える

　南米エクアドルの西1000kmの太平洋に、ガラパゴス諸島があります。ガラパゴスでは、そこにしかいない生きものがたくさん見られます。

　1978年に世界自然遺産第一号となったガラパゴスですが、今その美しい自然が急速にこわれ始めています。

　人口がもっとも多いサンタ・クルス島の森には、たくさんの野生のゾウガメがくらしています。しかし今、ゾウガメの森が危機をむかえています。外来植物とよばれる、大陸からガラパゴスに入ってきた草木が、ゾウガメの森をむしばみ、ゾウガメのくらしを一変させているのです。

　山道の両側に2〜3mほどの高さで密集している草。アフリカからやってきたエレファントグラスです。近くにはアジアのキイチゴの林も見られます。それらの外来植物があっという間に広がり、ガラパゴスにもともとあった草や木をおおいつくし、光をさえぎって殺してしまっているのです。

　外来種によって森のあらゆる空間がうばわれ、ゾウガメが何百年も使ってきた森の道がふさがれてしまっている地域もあります。それが原因で、ゾウガメが山を下りて卵をうみに行くことができなくなっているのです。

　かつて島に広大にあった固有の原生林は、数百分の一にまでへってしまいました。

　そして今、森の破壊をくい止めるための植林活動が始まっています。外来種をとりのぞき、島固有の植物を植えて、もともとあった森をとりもどしていくのです。植えた苗はすでに、10mほどの高さまで成長して、のこされた原生林につながり始めています。

ガラパゴス原生林がこわされ牧場にかわり、野生のゾウガメが外来種の牧草をウシといっしょに食べています

原生の森を守るために外来種をとりのぞき、原生林の植物を植えていく植林が、2007年から始まっています

参考：GLOBAL FOREST WATCH など

あとがき ── 森が教えてくれたこと

　スマトラ島での滞在が長くなるにつれ、森に近い村でねとまりしていたぼくは、少数民族のカロ族やトバ族の村人ともすっかり親しくなっていました。毎晩ごはんをいっしょに食べるようになり、森について村人が語る話に聞き入っていたのです。

　オランウータンのくらしぶりを観察するために、ほとんど毎日、ぼくは森へ入っていました。するとある日、オランウータンが30mもある高い木の上で、大きな豆のさやをかじっていました。人の気配を感じたのか、ねどこに持ち帰ってゆっくりと食べようと思ったのか、急いで豆のえだを口にくわえて木を登り始めました。地元の人が「プタイ」とよぶ植物です。市場でも野菜といっしょに売られ、村人も食べるだけではなく薬としても使っていました。しんせんなわかい葉や茎の部分も食べられるといいます。

　また別の日に、国立公園のレンジャーたちと森を歩いていると、オランウータンの親子に会いました。木の上にあるアリの巣をこわし、巣から出てくるアリを食べていたのです。子どものオランウータンも、おそるおそる食べていました。すると、頭上からオランウータンがこわしたアリの巣の破片がふってきました。破片をよく見ると、たくさんのシロアリが動き回っていたのです。何と、シロアリを村人も食べていて、栄養がほうふで薬にもなるといいます。

　ある晩にトバ族の人が「ぼくたちが森からいただくいろいろな食べものは、オランウータンから、教えてもらったんだよ！」「祖先は、オランウータンたちのくらしをよく見ていたんだね。オランウータンがどの季節に何を食べていて、毒が入っているかもしれない危険な植物はどれなのか？　オランウータンからたくさんの知恵を学んでいたんだよ」と語り始めました。

　昔から人は、森の自然ととても深いつき合いかたをして、たくさんのことを学んできたのです。しかし今、世界中で野生動物がくらす原生の森が、急速に消え去ろうとしています。オランウータンをはじめ、ゴリラやゾウ、サイ、キリン、トラ、ヒョウ、ジャガーなど、みんな絶滅が心配されるようになりました。それは植物たちも同じです。森をうしなうことによって、世界中の少数民族の人たちがつみ上げてきた自然からの知恵である食料や薬草なども、なくなってしまうことになるのです。

大きな豆のえだをくわえたオランウータン

さくいん

【あ】

アマゾン……………5, 7, 12, 30, 35, 45

アラスカ……………17, 40, 45

イースター島……………31, 45

硫黄酸化物……………41

永久凍土……………39

オーストラリア………5, 28, 29, 31, 33, 36, 44

オランウータン………22, 23

温帯雨林……………5

【か】

外来種……………43

ガラパゴス諸島………43, 45

カンガルー……………28

キツネザル……………26, 38

共進化……………38

雲……………13, 41

原生林……………5〜8, 13, 14, 17, 18, 20, 22, 26, 28, 30〜32, 34, 35, 37, 43

光合成……………14

【さ】

産業革命……………37

酸性雨……………41

三内丸山遺跡……………15

縄文人……………15

植林……………31, 43, 44

地雷……………24, 25

人工林……………32

針葉樹林（タイガ）……5, 16, 17, 39, 40

スマトラ……………22, 35, 44

世界遺産……………43

石炭……………41

ゾウ……………8, 18, 19

ゾウガメ……………43

【た】

大気汚染……………41

地衣類……………14, 33

地球温暖化（温暖化）……17, 34, 39, 40

地球の肺……………12

【な】

南極……………33, 40

ニューギニア……………5, 28, 33, 45

ニュージーランド………29, 45

熱帯雨林……………5, 12, 16, 30

【は】

バオバブ……………26, 27, 38

伐採……………5, 13, 17, 24, 30, 32, 35, 37, 44

ペンギン……………29

北極……………39, 40

ボルネオ……………5, 6, 18, 20, 44

【ま】

マダガスカル……………5, 26, 38, 44

マツがれ……………40

ミャンマー……………24, 35, 44

モンゴル……………17, 44

【や】

葉緑体……………12

マダガスカルの森にて

藤原幸一（ふじわら こういち）

生物ジャーナリスト、写真家、作家。
ネイチャーズ・プラネット代表。学習院女子大学・特別総合科目「環境問題」講師。秋田県生まれ。日本とオーストラリアの大学・大学院で生物学を学ぶ。その後、野生生物の生態や環境に視点をおいて、世界中を訪れている。2007年にガラパゴス自然保護基金を立ち上げ、植林プロジェクトを続けている。日本テレビ『天才！志村どうぶつ園』監修や『動物惑星』ナビゲーター、『世界一受けたい授業』生物先生。NHK『視点・論点』、『アーカイブス』、TBS『情熱大陸』、テレビ朝日『素敵な宇宙船地球号』などに出演。
おもな著書に『環境破壊図鑑』『南極がこわれる』『マダガスカルがこわれる』（第29回厚生労働省児童福祉文化財／以上、ポプラ社）、『きせきのお花畑』『ぞうのなみだ ひとのなみだ』（アリス館）、『こわれる森 ハチドリのねがい』（PHP研究所）、『PENGUINS』（講談社）、『おしり？』『びゅ〜んびょ〜ん』（新日本出版社）、『ヒートアイランドの虫たち』（第47回夏休みの本、あかね書房）、『ちいさな鳥の地球たび』（第45回夏休みの本）、『ガラパゴスに木を植える』（第26回読書感想画中央コンクール指定図書／以上、岩崎書店）、『森の顔さがし』（そうえん社）、『えんとつと北極のシロクマ』（少年写真新聞社）などがある。

NATURE'S PLANET　http://www.natures-planet.com

地球の危機をさけぶ生きものたち❷

森が泣いている

2018年1月31日　初版第1刷発行

著　者	藤原幸一
デザイン	三村 淳
協　力	有井美如（ネイチャーズ・プラネット）
発行人	松本 恒
発行所	株式会社 少年写真新聞社
	〒102-8232
	東京都千代田区九段南4-7-16　市ヶ谷KTビルI
	TEL：03-3264-2624　FAX：03-5276-7785
	URL　http://www.schoolpress.co.jp/
印刷所	凸版印刷株式会社
	PD　十文字義美（凸版印刷株式会社）

イラスト：小野寺ハルカ　　校正：石井理抄子　　編集：山本敏之／河野英人

© Fujiwara Koichi 2018　Printed in Japan
ISBN978-4-87981-625-2　C8645　NDC468

本書を無断で複写、複製、転載、デジタルデータ化することを禁じます。
乱丁・落丁本はお取り替えいたします。定価はカバーに表示してあります。

●主な参考文献
Barbieri, G. P. (1995). *Madagascar*. The Harvill Press, London.
Goodman, S. M. and J. P. Benstead (eds.). (2003). *The Natural History of Madagascar*. The University of Chicago Press, Chicago.
Williams, T.D. (1995). *The Penguins. Spheniscidae (Bird Families of the World)*. Oxford University Press, UK.
安田喜憲（1996）『森のこころと文明』日本放送出版協会

●主な参考WEB
ELEPHANT NATURE PARK
http://www.elephantnaturepark.org
FRIENDS OF THE ASIAN ELEPHANT
http://www.elephant-soraida.com
GLOBAL FOREST WATCH　http://www.globalforestwatch.org/
国際連合食糧農業機関（FAO）　http://www.fao.org/home/en/
Rainforest Fund　https://www.rainforestfund.org/
世界の原材料輸入額 国別ランキング・推移
https://www.globalnote.jp/post-3288.html
世界森林資源評価 2015
http://www.rinya.maff.go.jp/j/kaigai/attach/pdf/index-2.pdf
The IUCN Red List of Threatened Species
http://www.iucnredlist.org/
United Nations Environment Programme (UNEP)
http://www.unep.org/
WWFジャパン　https://www.wwf.or.jp/
特別史跡 三内丸山遺跡（写真提供：15ページのみ）
http://sannaimaruyama.pref.aomori.jp/